개정2판

모아
공조냉동기계
기능사 빵꾸노트

필기

모아합격전략연구소

MOAG

목차

PART 01
냉동기계
- Chapter 01 열역학 기초 …………………………………… 04
- Chapter 02 냉매 ……………………………………………… 07
- Chapter 03 냉동사이클 ……………………………………… 12
- Chapter 04 냉동장치 ………………………………………… 18
- Chapter 05 냉동장치 구조 …………………………………… 19
- Chapter 06 냉동장치 응용 …………………………………… 23
- Chapter 07 냉각탑 …………………………………………… 26

PART 02
공기조화
- Chapter 01 공기조화 ………………………………………… 28
- Chapter 02 펌프 ……………………………………………… 40
- Chapter 03 보일러설비 설치 ………………………………… 43

PART 03
자동제어 및 안전관리
- Chapter 01 안전작업 ………………………………………… 50
- Chapter 02 안전관리 ………………………………………… 56
- Chapter 03 기타 설비기기 안전관리 ………………………… 64
- Chapter 04 배관 ……………………………………………… 67
- Chapter 05 공조제어설비 설치 ……………………………… 74
- Chapter 06 냉동제어설비 …………………………………… 75
- Chapter 07 기계설비의 범위 ………………………………… 77
- Chapter 08 전기의 자동제어 ………………………………… 79

공·조·냉·동·기·계·기·능·사

Part 01
냉동기계

공·조·냉·동·기·계·기·능·사

Chapter 01 열역학 기초

01 압력

1 표준 대기압 1 [atm]

1기압[atm] = ([빵꾸1]   ) = 10.332 [mH$_2$O] = 1.0332 [kg/cm^2] = 1.013 [bar]

= 0.101325 [MPa]

= ([빵꾸2]   ) [kPa]

= 14.7 [psi]

= 14.7 [lb/in^2]

절대압력 = 대기압 + 게이지압력

02 열량

1 [kcal] : 대기압에서 순수한 물 1 [kg]의 온도를 1 [℃] 올리는 데 필요한 열량
- 1 [BTU] : 물 1 [lb]를 1 [℉] 올리는 데 필요한 열량
- 1 [CHU] : 물 1 [lb]를 1 [℃] 올리는 데 필요한 열량

1 비열비

비열비 (K) : 기체에 적용되며 정적비열에 대한 정압비열의 비로 ([빵꾸3]   ) 보다 크다.

비열비 $K = \dfrac{C_P}{C_V} > 1$

> 메꿈 ① 760 [mmHg] ② 101.325 ③ 1

2 현열, 잠열

(1) **현열** : 온도변화만 일으키는 열(상태변화 없음)

(2) **잠열** : 상태변화만 일으키는 열(온도변화 없음)
   ① 얼음의 융해잠열 : ([빵꾸1]) [kcal/kg] = 333.06 [kJ/kg]
   ② 물의 증발잠열 : ([빵꾸2]) [kcal/kg] = 2253 [kJ/kg]

3 열량 계산방식

(1) 현열 구간일 때

$Q = G \times C \times \triangle T$

Q : 열량(현열)[kcal], [kJ]

G : 물체의 중량[kg]

C : 비열[kcal/kg·℃] → [kJ/kgK]

$\triangle T$: 온도차[℃]

(2) 잠열 구간일 때

$Q = G \times r$

Q : 열량(잠열)[kcal], [kJ]

G : 물체의 중량[kg]

r : 잠열량[kcal/kg]

→ 물의 증발잠열 539 [kcal/kg] = 2253 [kJ/kg]
  얼음의 융해잠열 79.68 [kcal/kg] = 333.06 [kJ/kg]

메꿈 ① 79.68 ② 539

03 동력

동력 : 단위 시간당 일의 양
(1) 1 [PS] = 75 [kg·m/s]
(2) 1 [kW] = 102 [kg·m/s]
(3) 1 [HP] = 76 [kg·m/s]

04 냉동방법

1 자연적 냉동방법

2 기계적 냉동방법

(1) 증기압축식 냉동기(압축기, 응축기, 팽창밸브, 증발기)
(2) 흡수식 냉동기(흡수기, 발생기, 응축기, 팽창밸브, 증발기)
  • 흡수식 냉동기에서의 냉매와 흡수제

냉매	흡수제
물 (H_2O)	([빵꾸1]), LiCl
암모니아 (NH_3)	([빵꾸2])

메꿈   ① LiBr   ② 물 (H_2O)

Chapter 02 냉매

01 냉동방법

1 냉매

냉동사이클 내를 순환하는 동작유체로, 냉동 공간 또는 냉동 물질로부터 열을 흡수하여 다른 공간 혹은 다른 물질로 열을 운반하는 작동유체

(1) 무기 화합물 : NH_3, CO_2, H_2O

(2) 탄화수소 : CH_4, C_3H_8, C_2H_6

(3) 할로겐화탄화수소 : 프레온

(4) ([빵꾸1]) : R500, R501, R502 등

2 냉매 종류

(1) 1차 냉매(직접 냉매) : 냉동사이클 내를 순환하는 동작유체로, 잠열에 의해 열을 운반하는 냉매
- 암모니아 (NH_3)와 프레온 등

(2) 2차 냉매(간접 냉매) : NaCl, $CaCl_2$, $MgCl_2$ 등을 말하며, 제빙장치의 브라인, 공조장치의 냉수 등에 해당
- ([빵꾸2])에 의해 열을 운반

메꿈 ① 공비 혼합물 ② 감열

3 프레온 냉매 특성

(1) 구성 : 탄화수소와 할로겐 원소의 화합물

① R - ○○ : ([빵꾸1]   ) 탄화수소 (R - 10 ~ R - 50)
- R - 12 : CCl_2F_2
- R - 22 : $CHClF_2$

② R - ○○○ : ([빵꾸2]   ) 탄화수소 (R - 110 ~ R - 170)
- R - 113 : $C_2Cl_3F_3$
- R - 123 : $C_2HCl_2F_3$

(2) 호칭법

① 10자리 : 메탄계, 100자리 : 에탄계
② ([빵꾸3]   ) : H의 수
③ 1자리수 : ([빵꾸4]   )의 수
④ 6 - (H + F) : Cl의 수

(3) 혼합 냉매 : 2종의 냉매 혼합 시 그 혼합 비율이 특정 비율이 아니면 액상, 기상의 혼합 비율이 다르게 되고 냉동장치 중에도 2종의 냉매 각각의 특성을 가짐

① 공불 혼합 냉매 : 2종의 냉매를 어떤 특정 비율로 혼합하면 각각 냉매의 특성과는 다른 단일 냉매의 특성을 나타내게 되며, 액상 혹은 기상에서의 혼합비율이 같은 것

② R - 500(혼합 비율은 중량단위로 표시)
- R - 12 : 73.8 [%]
- R - 152 : 26.2 [%]

③ R - 501
- R - 12 : 25 [%]
- R - 22 : 75 [%]

메꿈 ① 메탄계 ② 에탄계 ③ 10자리수 -1 ④ F

④ R - 502
  - R - 22 : 50 [%]
  - R - 115 : 50 [%]

4 프레온 누설검지

(1) 비눗물로 확인(비눗물로 누설 부위의 기포 발생 유무 확인)

(2) 헬라이드 토치 사용
  - 누설이 없을 때 : ([빵꾸1]   )
  - 소량 누설 시 : 녹색
  - 다량 누설 시 : ([빵꾸2]   )
  - 극심할 때 : 꺼짐

02 브라인

1 브라인 구비조건

(1) 부식성이 없을 것

(2) 열용량이 클 것

(3) 응고점이 낮을 것

(4) 점성이 작을 것

(5) 누설되어도 냉장품에 손상이 없을 것

(6) 가격이 저렴할 것

메꿈   ① 청색   ② 자색

2 브라인 종류

(1) 무기질 브라인 : 탄소(C)를 포함하지 않고 금속의 부식력이 크며, 가격이 저렴
- NaCl, $CaCl_2$, $MgCl_2$

① 염화나트륨(NaCl) 수용액
- 주로 식품 냉동에 사용
- 가격이 저렴
- 공정점 : ([빵꾸1]   )
- 비중 : 1.15 ~ 1.18
- 부식력이 브라인 중 가장 큼

② 염화칼슘($CaCl_2$) 수용액
- 공업용으로 사용(제빙용으로 사용)
- 공정점 : ([빵꾸2]   )
- 비중 : 1.2 ~ 1.24
- 흡습성이 강하고 누설되어 식품에 닿으면 떫은맛이 나기 때문에 식품 저장용으로는 사용하지 않음

③ 염화마그네슘($MgCl_2$) 수용액
- 현재 거의 사용되지 않음
- 공정점 : ([빵꾸3]   )

※ 공정점 : 두 물질을 용해시키면 농도가 짙어질수록 응고온도가 낮아지는데, 어느 일정한 농도 이상이 되면 다시 응고온도가 높아진다. 이때 응고하는 최저온도를 뜻함

※ 부식성 : NaCl > $MgCl_2$ > $CaCl_2$

메꿈   ① -21 [℃]   ② -55 [℃]   ③ -33.6 [℃]

(2) 유기질 브라인
- 탄소를 포함한 브라인
- 가격이 비쌈
- 부식력이 작음
① 에틸렌글리콜 : 부식성이 무기질 브라인보다 작으며 소형 기계에 사용
② 메틸렌클로라이드, R - 11 : 초저온에 사용
③ 프로필렌글리콜 : 부식성이 작고 독성이 없으며
   ([빵꾸1]   )으로 사용

03 냉동기유

1 유압

유압계 지시압력 = 유압(기어펌프에서의 유압) + 저압

- ([빵꾸2]   ) = 저압 + 0.5 ~ 1.5 [kg/cm^2]
- 고속다기통 = 저압 + ([빵꾸3]   ) [kg/cm^2]
- 터보냉동기 = 저압 + ([빵꾸4]   ) [kg/cm^2]
- 소형 냉동기 = 저압 + 0.5 [kg/cm^2]

메꿈 ① 냉동식품 동결용 ② 입형저속 ③ 1.5 ~ 3 ④ 6 ~ 7

Chapter 03 냉동사이클

01 냉동사이클(역카르노카이클)

카르노사이클이 역으로 순환하는 사이클을 역카르노사이클이라고 하며, 냉동기 또는 열펌프의 이상적인 사이클로 ([빵꾸1]   ) 2개와 등온과정 ([빵꾸2]   )로 구성되어 있음

02 성적계수(COP : Coefficient of Performance)

1 성적계수(COP : Coefficient of Performance)

냉동기의 효율을 표시하는 척도로 냉동능력 Q_2와 소요일량 A_w와의 비가 사용되는데 이 비를 냉동기의 성적계수라고 한다.

2 역카르노사이클 이론 성적계수

$$COP = \frac{Q_2}{A_w} = \frac{증발열량}{압축일의 열량} = \frac{Q_2}{Q_1 - Q_2} = \frac{T_2}{T_1 - T_2}$$

T_1 : 응축 절대온도
T_2 : 증발 절대온도
Q_1 : 응축부하
Q_2 : 증발부하

메꿈 ① 단열과정 ② 2개

3 실제적 성적계수

$$\epsilon_0 = \frac{냉동능력(kcal/h)}{압축소요마력 \times 632(kcal/h)} = \epsilon \times \eta_c \times \eta_m$$

압축효율 $[\eta_c] = \dfrac{기본적마력}{실제적마력}$

기계효율 $[\eta_m] = \dfrac{실제적마력}{운전소요마력}$

4 열펌프의 성적계수

$$\epsilon = \frac{q_1}{A_w} = \frac{고온체에\ 공급한\ 열량}{공급일} = \frac{T_1}{T_1 - T_2}$$

03 냉동능력

1 냉동능력

냉동기 냉동능력은 냉동톤으로 표시하며, 1냉동톤(1 [RT])이란 0 [℃] 물 1 [ton]을 24시간 동안에 0 [℃] 얼음으로 만드는 능력을 말함

- $1[RT] = \dfrac{79.68 \times 1000}{24} = 3320$ [kcal/hr] = 13944 [kJ/hr]

2 제빙톤

1일의 얼음 생산능력을 ton으로 나타낸 것

- 1제빙톤 = ([빵꾸1]) [RT]

- 결빙시간 = $\dfrac{0.56 \times t^2}{-t_b}$

  t : 얼음의 두께, t_b : 브라인의 온도

메꿈 ① 1.65

04 몰리에르 선도

1 ([빵꾸1]   )

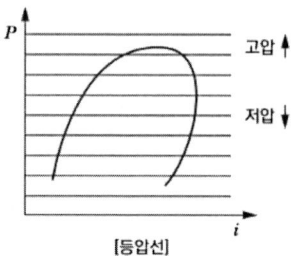
[등압선]

2 등엔탈피선

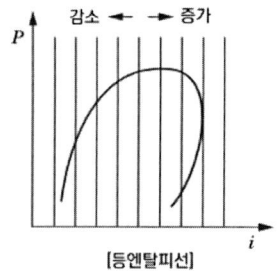
[등엔탈피선]

3 ([빵꾸2]   )

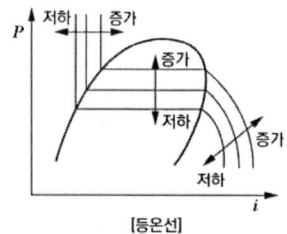
[등온선]

메꿈   ① 등압선   ② 등온선

4 등엔트로피선

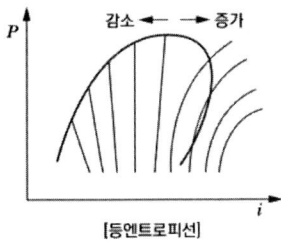

[등엔트로피선]

5 ([빵꾸1])

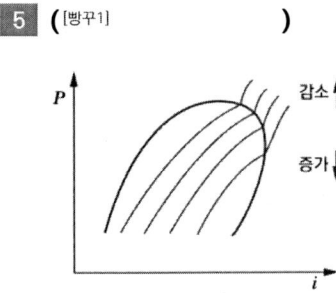

[등비체적선]

6 등건조도선

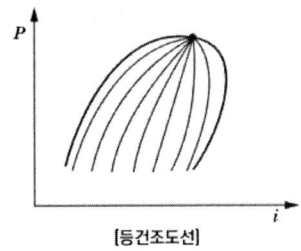

[등건조도선]

메꿈 ① 등비체적선

7 압축냉동사이클과 몰리에르 선도

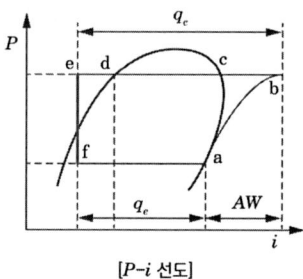

[$P-i$ 선도]

05 기준냉동사이클

(1) 응축온도(응축압력에 대한 포화온도) : 30 [℃] (86 [℉])

(2) 과냉각도 : ([빵꾸1]   )

(3) 증발온도(흡입 압력에 대한 포화온도) : -15 [℃] (5 [℉])

(4) 압축기 흡입가스 : 건조포화증기(-15 [℃])

메꿈   ① 5 [℃]

06 2원 냉동사이클

([빵꾸1]   ) 이하의 초저온장치가 되면 다단 압축방식으로는 초저온의 실현이 곤란해지기 때문에 냉동장치의 개량으로서 다원 냉동방식이 채용

(1) ([빵꾸2]   )에 사용되는 냉매 : R-13, R-14, R-50(메탄), 에틸렌, 프로판(R-290)

(2) 고온냉동기에 사용되는 냉매 : R-12, R-22

(3) 캐스케이드 콘덴서 : 2원 냉동사이클 저온 측 응축기와 고온 측 증발기를 조합하여 저온 측 응축기의 열을 효과적으로 제거하여 응축액화를 촉진시켜주는 일종의 열교환기

메꿈   ① -70 [℃]   ② 저온냉동기

Chapter 04 냉동장치

01 냉동장치

원리	작용방식	장치 종류
화학식	흡수방식	암모니아 - 물
		물 - 리튬브로마이드
흡착식	흡착방식	흡착식 냉동기

02 흡수식 냉동기

(1) 출구수온을 7 [℃] 얻기 위해서는 냉매의 증발온도가 4 ~ 5 [℃]가 되어야 하며, 이때 포화압력은 ([빵꾸1]   ) 정도임

(2) 흡수식 냉동기 순환과정
발생기 → ([빵꾸2]   ) → 증발기 → ([빵꾸3]   )

03 지열을 이용한 열펌프 종류

(1) 지하수 이용 열펌프   (2) 지표수 이용 열펌프   (3) 지중열 이용 열펌프

메꿈   ① 6 ~ 7 [mmHg]   ② 응축기   ③ 흡수기

Chapter 05 냉동장치 구조

01 냉동능력

1 산정기준

원심식 압축기를 사용하는 냉동설비는 그 압축기의 원동기 정격출력 ([빵꾸1]   ) [kW]를 1일의 냉동능력 1톤으로 보고, 흡수식 냉동설비는 발생기를 가열하는 1시간의 입열량 ([빵꾸2]   )를 1일의 냉동능력 1톤으로 본다.

2 가용전

프레온용 수액기나 냉매용기에 설치하여 불의의 사고 시 수액기나 용기 등이 폭발되는 것을 방지

(1) 구성요소 : Cd(카드뮴), Bi(비스무트), Pb(납), Sn(주석), Sb(안티몬)

(2) 노출가스의 영향을 직접적으로 받지 않는 곳으로 응축기나 수액기 상부에 설치할 것

02 압축기

1 왕복동식 압축기 용량제어방법

- 흡입밸브 조정에 의한 방법
- 회전수 가감법

> 메꿈 ① 1.2 ② 6640 [kcal]

- 바이패스 방법
- 톱 클리어런스에 의한 방법
- 언로드(무부하)법

2 ([빵꾸1]   ) 현상

프레온 냉동기에서 압축기 정지 시 크랭크케이스 내의 오일 중에 용해되어 있던 프레온 냉매가 압축기 기동 시 크랭크케이스 내의 압력이 급격히 낮아져 오일과 냉매가 급격히 분리되는데 이 때문에 유면이 약동하며 윤활유에 거품이 일어나는 현상

3 ([빵꾸2]   ) 현상

오일 포밍이 급격히 일어나면 피스톤 상부로 다량의 오일이 올라가 오일을 압축하게 되는데, 이때 이상음이 나는 것을 오일 해머링이라고 함

03 응축기

1 응축기 종류

- 입형 셸 앤드 튜브식 응축기 : 냉매와 냉각수가 평형상태이므로 과냉각이 어려움
- 횡형 셸 앤드 튜브식 응축기
- 셸 앤드 코일식 응축기 : 나선 모양의 관에 냉매를 통과시키고 이 나선관을 구형 또는 원형의 수조에 담가 순환시켜 냉매를 응축시키는 응축기

2 수액기 취급 시 주의사항

- 직사광선을 ([빵꾸3]   )록 할 것

메꿈   ① 오일 포밍   ② 오일 해머링   ③ 받지 않도

- 균압관의 지름을 충분히 크게 할 것
- 안전밸브를 설치할 것
- 냉매량은 3/4 이상 만액시키지 않을 것
- 수액기는 응축기보다 ([빵꾸1]) 위치에 설치할 것

3 ([빵꾸2])

관에 분무되는 냉각수의 일부가 공기와 같이 외부로 비산하는 것을 방지하기 위해 설치

04 증발기

1 냉각기

(1) 만액식 셸 앤드 튜브식 암모니아 냉각기
- 주로 공업용 브라인 냉각장치에 사용
- 관경이 작으면 저항이 커져 압력 강하가 크므로 체적효율 감소, 흡입압력 저하, 토출가스온도 상승 등 여러 가지 악영향을 미치나 전열면만 생각하면 관경이 작은 것이 좋음

(2) 만액식 셸 앤드 튜브식 프레온 냉각기
- 공기조화장치 및 일반화학공업의 액체 냉각을 목적으로 이용
- 냉매측의 열전달율이 낮으므로 핀 튜브 사용

(3) 건식 셸 앤드 튜브식 냉각기
- 셸에 브라인(냉수), 튜브에 냉매 존재
- 프레온용

> **메꿈** ① 낮은 ② 일리미네이터

(4) 보데로 냉각기
- 물이나 우유의 냉각에 사용
- 냉각관 청소가 쉬워 위생적임

(5) 핀 튜브식 냉각기
- 주로 프레온용으로 건식을 채용
- 소형 냉장고, 냉장용 진열장, 공기조화 등에 광범위하게 사용

(6) 캐스케이드식 증발기
- 액냉매를 공급하고 가스를 분리하는 형식
- 공기 동결식의 동결 선반에 사용

(7) CA 냉장고
- ([빵꾸1])을 냉장, 저장하는 데 있어 보다 좋은 저장성을 확보하기 위해 냉장고 내의 공기를 치환하는데, 산소는 3 ~ 5 [%] 감소시키고, 탄산가스를 3 ~ 5 [%] 증가시켜 냉장고 내의 ([빵꾸2])의 호흡작용을 억제하면서 냉장하는 냉장고

2 증발기 출구측에 감온통 설치 기준

(1) 흡입관 외경이 20 [mm] ([빵꾸3])일 경우 : 흡입관 상부에 부착

(2) 흡입관 외경이 20 [mm] ([빵꾸4])일 경우 : 흡입관 수평보다 45° 하부에 부착

3 브라인

브라인의 유동속도가 느리면 브라인의 양이 감소하여 냉동능력이 저하됨

메꿈 ① 청과물 ② 청과물 ③ 미만 ④ 이상

Chapter
06 냉동장치 응용

01 동결장치

1 냉동력

냉매 1 [kg]이 증발기에서 흡수하는 열량[kJ/kg]

2 ([빵꾸1]   )

단위 시간 동안 증발기에서 흡수하는 열량[kJ/hr]

3 1냉동톤

0 [℃] 물 1톤을 ([빵꾸2]   ) 동안에 ([빵꾸3]   )으로 만드는 데 제거해야 할 열량

$Q = G\gamma$ = 1000 [kg/day] × 79.68 [kcal/kg]
  = 79680 [kcal/day]
  = 3320 [kcal/hr]

∴ 1 [RT] = 3320 [kcal/hr]

1 [RT] = $\dfrac{79.68 \times 1000}{24}$ = 3320 [kcal/hr]
  = 13900.8 [kJ/h] = 3.86 [kW]

> 메꿈 ① 냉동능력 ② 하루 ③ 0 [℃] 얼음

02 제빙장치

1 제빙톤

원료수 25 [℃] 1톤을 하루 동안 -9 [℃] 얼음으로 만드는 데 제거해야 하는 열량(단, 여기서 열손실율은 20 [%]이다)

2 1 [RT]

1 [RT] = ([빵꾸1]) [kcal/hr]

Q = 1000 × (1 × 25 + 79.68 + 0.5 × 9) = 109180 [kcal/day]
  = 4549 [kcal/hr]

열손실 20 [%]이기 때문에

4549 [kcal/hr] × 1.2 = 5459 [kcal/hr]

이제 냉동톤으로 환산하면

5459 [kcal/hr] × $\dfrac{1\,[RT]}{3320\,[kcal/hr]}$ =1.65 [RT]

∴ 1제빙톤 : 1.65 [RT]

3 결빙시간

결빙시간 = $\dfrac{0.56 \times t^2}{-(t_b)}$

t : 얼음의 두께[cm]
t_b : 브라인온도

메꿈 ① 3320

03 열펌프와 축열장치

1 열펌프

일반적으로 열이 고온에서 저온으로 흐르지만, 저온에서 고온으로 흐르게 하기 위해 저온열원응축기에서 흡열하고, 고온열원증발기에서 방열하기 위해 열펌프가 사용되므로 히트펌프라고 함

2 축열장치 특징

- 수질관리 및 소음관리가 ([빵꾸1]   )
- 저속 연속운전에 의한 고효율 정격운전 가능
- 열회수시스템의 적용 가능
- 냉동기 및 열원설비 용량이 감소할 수 있음

메꿈   ① 필요

Chapter 07 냉각탑

수냉식 응축기에서 온도가 높아진 냉각수를 공기와 접촉시켜 물의 증발잠열을 이용해 냉각작용을 하고 나온 출구수온을 공기로 다시 냉각하여 응축기로 보내 재사용함으로써 냉각수의 부족해소 및 기타 경제적인 운전을 가능하게 하는 역할

1 압축기 일량

([빵꾸1]   ) = 응축기 발열량 − 증발기의 흡수열량

2 수처리 목적

(1) 배관이나 기기 수명 연장

(2) 쾌적한 생활공간 조성

(3) 에너지 절약, 자원 절약

메꿈   ① 압축기 일량

Part 02

공·조·냉·동·기·계·기·능·사

공기조화

Chapter 01 공기조화

01 공기조화

1 정의
인위적으로 실내 또는 일정한 공간의 공기를 사용 목적에 적합하도록 적당한 상태로 조정하는 것

2 공기조화 4대 요소
온도, 습도, 기류, 청정도

3 공기조화 분류
(1) ([빵꾸1]) 공기조화 : 쾌적한 주거환경을 유지하여 보건, 위생 및 근무환경을 향상시키기 위한 공기조화(쾌감용 공기조화라고도 하며 재실자들이 생산활동을 능률적으로 할 수 있는 환경을 만들어주기 위한 공조로서 인간의 쾌감이나 보건위생을 목적으로 함)

(2) ([빵꾸2]) 공기조화 : 생산과정에 있는 물질을 대상으로 하여 물질의 온도, 습도변화 및 유지와 환경의 청정화로 생산성 향상이 목적

4 공기조화 열원장치
(1) 열운반장치 : 송풍기, 펌프, 덕트, 배관 등
(2) ([빵꾸3]) : 공기여과기, 공기냉각기, 공기가열기 등
(3) 열원장치 : 보일러, 냉동기, 냉각탑 등

> 메꿈 : ① 보건용 ② 산업용 ③ 공기조화기

(4) 자동제어장치 : 공조장치 운전 시 경제적 운전을 위한 각종 자동으로 제어되는 장치

5 ([빵꾸1]   ) [ET : Effective Temperature](유효온도, 감각온도, 실감온도)

(1) 습구온도 이외에 기류의 영향을 더한 온도

(2) 상대습도 100 [%] 기준, 즉 포화상태이며 정지공기의 실내 상태를 말함

(3) 온습도의 쾌감과 동일한 쾌감을 얻을 수 있는 기류를 포함한 온도

6 ([빵꾸2]   )

인체에 해가 되지 않는 오염물질 농도

7 **실내부하 종류**

(1) 실내 취득열량

종류	내용	열의 종류
온도차에 의한 전도열	지붕, 벽체로부터의 열량	현열
	유리창 등으로부터의 열량	
	천장, 칸막이, 마루 등으로부터의 열량	
내부 발생열량	벽체의 축열부하량	현열
	조명, 복사기로부터의 열량	
	극간풍에 의한 열량	
	인체의 발생열량	([빵꾸3])
	증발기로부터의 발생열량	
태양 복사열	유리창 등으로부터의 열량	현열
	지붕, 벽으로부터의 열량	

메꿈   ① 실효온도 ② 서한도 ③ 현열 + 잠열

(2) 장치 내의 취득열량
- 덕트, 송풍기로부터의 취득열량 : 현열

(3) 재열부하
- 재열기로부터의 취득열량 : 현열

(4) 외기부하
- 신선한 공기 : 현열 + 잠열

※ 실내기구는 전체적으로 ([빵꾸1]   ) 발생

02 공기

1 건조공기(Dry Air)

수증기를 전혀 포함하지 않은 공기

2 습공기(Moist Air)

건조공기와 수증기를 포함한 자연공기

3 포화 습공기

공기온도에 따라 포함된 수증기량은 한계가 있는데, 최대한도의 수증기를 포함한 공기를 포화공기라고 함

4 ([빵꾸2]   ) [DT : Dew point Temperature]

공기 중에 포함된 수증기가 작은 물방울로 변화하여 이슬이 맺히는 현상으로 이 현상이 결로이며, 이때 온도가 노점온도를 뜻함

메꿈 ① 현열과 잠열이 모두 ② 노점온도

5 건구온도[DB : Dry Bulb temperature, t [℃]]

기온을 측정할 때 온도계의 감열부가 건조된 상태에서 측정한 온도이며, 보통 온도계에서 지시하는 온도를 말함

6 습구온도[WB : Wet Bulb, t [℃]]

기온측정 시 감열부를 천으로 싸고 모세관 현상으로 물을 빨아올려 감열부가 젖게 한 뒤 측정한 온도

7 절대습도

습공기 중에 포함되어 있는 건공기 1 [kg]에 대한 수증기의 중량을 말하며, 절대습도는 가습·감습 없이 냉각·가열만 할 경우엔 변하지 않음

8 상대습도

수증기의 분압과 동일온도의 포화 습공기 수증기 분압의 비로, 1 [m^3]의 습공기 중 함유된 수분의 중량과 이와 동일한 1 [m^3] 포화 습공기 중에 함유된 수분의 중량과의 비를 말함

9 포화도 비교습도

포화 습공기의 절대습도와 동일온도의 습증기 절대습도의 비

10 비체적과 비중량

(1) 비체적 : 건조공기 1 [kg]당 습공기 중의 수증기를 포함한 체적

(2) 비중량 : 습공기 1 [m^3]에 포함되어 있는 수증기의 중량

11 현열, 잠열, 엔탈피

(1) ([빵꾸1]   ) : 상태변화가 없고 온도변화에만 주는 열에너지
- $q_s = GC\Delta t$

(2) ([빵꾸2]   ) : 온도변화가 없고 상태변화에만 사용되는 열에너지
- $q_L = Gr$

(3) 엔탈피 : 전열량 = 현열 + 잠열

12 ([빵꾸3]   ) [SHF : Sensible Heat Factor]

감열비, 전열량에 대한 현열량의 비로, 실내로 송출되는 공기 상태를 나타냄

- $SHF = \dfrac{q_s}{q_s + q_L}$

  (q_s : 현열량, q_L : 잠열량)

03 공기조화방식

1 중앙공조방식

(1) 전공기방식

① ([빵꾸4]   )
- 정풍량방식 : 말단에 재열기가 없는 방식
- 변풍량방식 : 재열기가 없는 방식과 재열기가 있는 방식

② ([빵꾸5]   )
- 정풍량 2중덕트방식
- 변풍량 2중덕트방식
- 멀티존 유닛방식

메꿈 ① 현열 ② 잠열 ③ 현열비 ④ 단일덕트방식 ⑤ 2중덕트방식

- 덕트병용의 패키지방식
- 각층 유닛방식

(2) ([빵꾸1]   )(유닛병용방식)
  ① 덕트병용 팬코일유닛방식
  ② 복사냉난방방식
  ③ 유인유닛방식
  ※ 복사난방 : 바닥패널, 벽패널, 천장패널을 설치하여 복사열을 이용하는 난방

(3) 전수방식
  ① 팬코일유닛방식

2 ([빵꾸2]   )(냉매방식)

(1) 패키지방식(냉수배관, 복잡한 덕트 등이 없음)
(2) 멀티유닛방식
(3) 룸쿨러방식

04 송풍기

1 송풍기 번호

(1) ([빵꾸3]   ) 송풍기 번호 $No. = \dfrac{임펠러 \, 지름(mm)}{150}$

(2) ([빵꾸4]   ) 송풍기 번호 $No. = \dfrac{임펠러 \, 지름(mm)}{100}$

메꿈   ① 공기·수방식 ② 개별공조방식 ③ 다익형 ④ 축류형

2 송풍기 소요동력

송풍기 소요동력 $N = \dfrac{PQ}{102 \times \eta \times 60}$

N : 소요동력[kW]

η : 효율

P : 송풍압력[kg/m^2]

Q : 송풍량[m^3/min]

3 송풍기 상사법칙

송풍기 크기나 회전수의 변화에 따라 펌프 상사법칙은 아래와 같이 성립됨

유량	양정	동력
$Q_2 = Q_1 \left(\dfrac{N_2}{N_1}\right)\left(\dfrac{D_2}{D_1}\right)^3$	([빵꾸1])	$L_2 = L_1 \left(\dfrac{N_2}{N_1}\right)^3 \left(\dfrac{D_2}{D_1}\right)^5$

05 에어필터

1 냉동사이클에서 액관 여과기 규격

(1) 액관 : ([빵꾸2]) [mesh]

(2) 가스관 : 40 [mesh]

메꿈 ① $H_2 = H_1 \left(\dfrac{N_2}{N_1}\right)^2 \left(\dfrac{D_2}{D_1}\right)^2$ ② 80~100

06 공기조화방식

1 중앙공조방식

(1) 송풍량이 많아 실내공기의 오염이 적음
(2) 덕트가 대형이고 개별식에 비해 덕트 스페이스가 큼
(3) 공조기가 기계실에 집중되어 있으므로 관리·보수가 용이
(4) 송풍동력이 크며 유닛병용의 경우를 제외하고는 각 실마다의 조정이 곤란
(5) 대형 건물에 적합하며, 리턴 팬을 설치하면 외기냉방이 가능

2 2중덕트방식

온풍과 냉풍 2개의 덕트를 설비하여 각 실의 부하조건에 따라서 혼합박스로 적당한 급기온도를 조정하여 토출시키는 방식으로 에너지 소모량이 가장 큰 방식

3 ([빵꾸1]   )

1차 공조기로부터 보내 온 고속공기가 노즐 속을 통과할 때 유인력에 의해 2차 공기를 유인하여 냉각 또는 가열하는 방식

4 개별공조방식

(1) 이동 및 보관, 자동조작이 가능하며 편리함
(2) 여과기의 불완전으로 실내공기의 청정도가 나쁘고 소음이 큼
(3) 개별제어가 가능하고 대량 생산하므로 설비비와 운전비가 저렴
(4) 설치가 간단하지만 대용량의 경우 공조기 수가 증가하기 때문에 중앙식보다 설비비가 많이 들 수 있음
(5) 외기냉방이 어려움

메꿈   ① 유인유닛방식

07 감습장치

(1) 냉각감습장치 : 냉각코일, 공기세정기 이용

(2) ([빵꾸1]   ) : 염화리튬, 트라이에틸렌글리콜 등의 액체 흡수제 이용

(3) 압축감습장치 : 공기를 압축하여 여분의 수분을 응축시키는 법

(4) ([빵꾸2]   ) : 실리카겔, 활성알루미나 등의 반고체, 고체 흡수제를 사용하여 감습(극저습도용)

08 열교환기

(1) 용접식 열교환기 : 주로 소형에서 사용하며 증발기 출구의 가스관과 모세관을 용접하여 열교환시키는 것

(2) 셸 앤드 튜브식 열교환기 : 셸 내로 가스가 흐르고 튜브 내로 액이 흐르며 주로 대형 프레온 냉동장치에서 사용

(3) 2중관식 열교환기 : 가는 튜브와 굵은 튜브와의 2중관에서 액냉매를 내측관에 관 사이로 가스를 흘려서 열교환되며 주로 R-22에서 사용

09 플래시가스 영향

(1) 흡입가스 과열

(2) 실린더 과열

(3) 냉동능력 감소

메꿈 ① 흡수식 감습장치 ② 흡착식 감습장치

(4) 증발압력 저하

(5) 팽창밸브의 능력이 감퇴되어 증발기 내로 유입되는 실제적 냉매액 감소

(6) 윤활유 열화, 탄화

(7) 토출가스온도 상승

(8) 냉장실온도 상승

10 취출구

1 축류 취출구

- 노즐형 취출구 : 천장형, 벽형
- ([빵꾸1]   ) : 천장형, 벽형
- 베인격자취출형 : 천장형, 벽형
- 슬롯 취출구 : 천장형
- 다공판 취출구 : 천장형, 벽형, 바닥형

2 복류 취출구

- ([빵꾸2]   ) : 천장형으로, 천장덕트의 아래쪽에 원형이나 방형 판을 부착하고, 여기에 취출한 공기를 스치게 하여 천장면과 평행으로 불어내는 것
- 아네모스텟형 취출구 : 천장형

※ 아네모스텟형 취출구의 형태는 동심원상의 여러 장의 판을 겹쳐 빈틈을 만들고 그 틈으로부터 공기를 취출함과 동시에 실내공기를 유인하여 확산

메꿈 ① 펑커루버 ② 팬형 취출구

11 급배기설비

1 ([빵꾸1]   )

환기공조용 저속덕트 송풍기로서 저항변화에 대해 풍량과 동력변화가 크고 정속운전에 사용하기 적합

2 댐퍼

(1) 풍량조절 댐퍼(VD : Volume Damper) : 주 덕트의 주요 분기점, 송풍기 출구측에 설치되며 날개의 열림 정도에 따라 풍량을 조절 또는 폐쇄의 역할을 함
  ① 종류
  - 버터플라이 댐퍼 : 소형 덕트 개폐용
  - 루버 댐퍼 : 평형익형은 대형 덕트 개폐용, 대향익형은 풍량조절용
  - 스프릿 댐퍼 : 분기부에 설치하여 풍량조절용

(2) ([빵꾸2]   )(FD : Fire Damper) : 화재 발생 시 덕트를 통해 다른 곳으로 화재가 번지는 것을 방지하기 위해 방화 구역을 관통하는 덕트 내에 설치된 차단장치

(3) 방연 댐퍼(SD : Smoke Dapmer) : 연기감지기와의 연동으로 된 댐퍼이며 실내에 설치된 연기감지기로 화재 초기에 발생된 연기를 탈지하여 덕트를 폐쇄

메꿈 ① 시로코 팬 ② 방화 댐퍼

3 단수릴레이

냉동장치에서 브라인 쿨러나 수냉각기에서 브라인이나 냉수의 유량이 감수되거나 단수되면 동파의 위험이 있으며, 수냉 응축기에서 냉각수 유량이 단수 또는 감수되면 이상고압의 원인이 되기 때문에 이를 방지하기 위해 설치

(1) 설치 위치

   냉수 또는 브라인배관 입구에 설치

(2) 종류
- 수류식 릴레이
- 단압식 릴레이
- 차압식 릴레이

(3) 설치 시 주의사항
- 가동편 흐름에 직각으로 설치할 것
- 스위치 화살표방향과 유체 흐름방향을 일치할 것

Chapter 02 펌프

01 펌프 종류

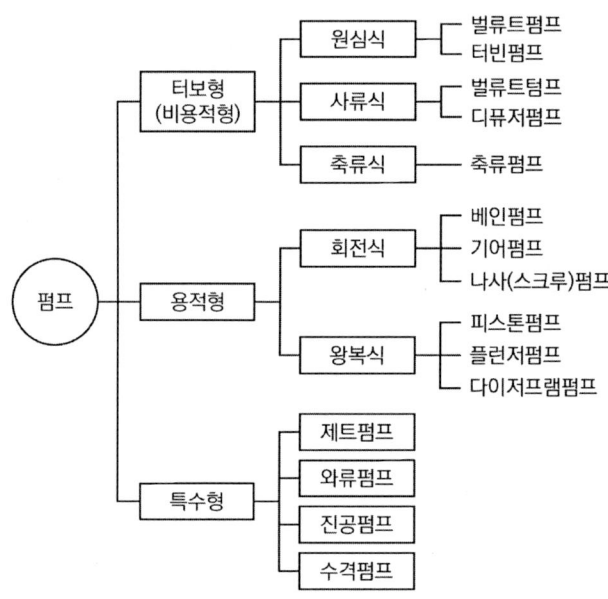

1 원심펌프와 왕복펌프 비교

구분	원심펌프	왕복펌프
종류	벌류트펌프, 터빈펌프	피스톤펌프, 플런저펌프, 다이어프램펌프
구조	간단	복잡
양정거리	작음	큼
운전속도	고속	저속
배출속도	연속적	불연속적
수송량	큼	작음

2 펌프 성능

(1) 펌프 ([빵꾸1]   )연결 : 유량 일정, 양정 2배

(2) 펌프 ([빵꾸2]   )연결 : 양정 일정, 유량 2배

3 펌프 상사법칙

유량	양정	동력
$Q_2 = Q_1 \left(\dfrac{N_2}{N_1}\right)\left(\dfrac{D_2}{D_1}\right)^3$	$H_2 = H_1 \left(\dfrac{N_2}{N_1}\right)^2\left(\dfrac{D_2}{D_1}\right)^2$	$P_2 = P_1 \left(\dfrac{N_2}{N_1}\right)^3\left(\dfrac{D_2}{D_1}\right)^5$

02 펌프에서 발생하는 현상

1 ([빵꾸3]   )

펌프의 흡입 측 배관 내에서 발생하는 것이며 배관 내 수온 상승으로 물이 수증기로 변하여 물이 펌프로 흡입되지 않는 현상

> 메꿈   ① 직렬 ② 병렬 ③ 공동 현상(캐비테이션 현상)

2 수격 현상(워터 해머링 현상)

관속의 액체 속도를 급격히 변화시키면 액체에 압력변화가 생겨 물이 관벽을 치는 현상

3 맥동 현상(서징 현상)

펌프 운전 시 주기적으로 운동, 양정, 토출량이 변동하는 현상으로 토출구와 흡입구에서 압력계의 바늘이 흔들리며 동시에 유량이 변하는 현상

Chapter 03 보일러설비 설치

01 증기설비 설치

1 증기

(1) 포화 : 어느 일정 압력에서 공기가 더 이상 습증기를 포함할 수 없는 상태
(2) 건포화증기 : 수분이 없는 건조된 증기(건조도 1)
(3) 습포화증기 : 증기 속에 수분이 존재하는 증기(건조도 1 이하)
(4) 건조도 : 습증기가 포함하고 있는 기체의 비율
(5) 과열증기 : 습포화증기를 건포화증기로 만든 후 그 당시의 증기압력상태에서 온도만 증가시킨 증기
(6) ([빵꾸1]   ) : 과열증기온도와 건포화증기온도의 차

2 ([빵꾸2]   )

증기계통에 응축수가 고속의 증기에 밀려 관이나 장치를 타격하는 현상

(1) 수격작용 발생원인
　① 밸브를 ([빵꾸3]   ) 때 발생하는 워터 해머
　② 증기가 급격히 응축하여 체적이 작아지는 것으로 주위의 응축수를 끌어들여 서로 부딪힐 때 발생하는 워터 해머
　③ 배관 내 빠른 유속에 따른 응축수 충돌로 인한 워터 해머

(2) 수격작용 방지법
　① 밸브를 ([빵꾸4]   ) 열고 닫을 것

> 메꿈　① 과열도　② 수격작용(워터 해머)　③ 급개·급폐할　④ 서서히

② 유속을 낮게 할 것
③ 배관 내 응축수를 제거할 것

02 복사난방법

벽 속에 ([빵꾸1]   )을 묻어서 그 ([빵꾸2]   ) 내에 온수를 보내어 그 복사 열로 난방하는 것

1 복사난방 장점

(1) 실내온도가 균일하여 쾌감도가 ([빵꾸3]   ).
(2) 공기의 대류가 적어서 공기 오염도가 적다.
(3) 평균온도가 ([빵꾸4]   ) 열손실이 ([빵꾸5]   ).
(4) 방열기 설치가 불필요하여 바닥면 이용도가 높다.
(5) 천장이 높은 집에 난방이 적당하다.
(6) 동일 방열량에 대해 열손실이 대체로 적다.

2 복사난방 단점

(1) 단열재 시공이 필요
(2) 배관을 벽 속에 매설하기 때문에 시공이 ([빵꾸6]   ).
(3) 외기온도변화에 따른 조작이 어렵다.
(4) 고장 시 발견이 어렵고 벽 표면이나 시멘모르타르 부분에 균열이 발생한다.

> **메꿈** ① 가열코일 ② 코일 ③ 높다 ④ 낮아서 ⑤ 적다 ⑥ 어렵다

03 난방기기

1 방열기

증기, 온수 등의 열매를 사용하여 실내 공기로 열을 방출하는 난방기기이며 주로 대류난방에 사용되는 직접난방법

(1) 방열기 표준방열량
  - 증기 : ([빵꾸1]) [kcal/m²h]
  - 온수 : ([빵꾸2]) [kcal/m²h]

(2) 난방부하

  Q [kcal/h] = q [kcal/m²h] × EDR [m²]
  Q : 난방부하[kcal/h], q : 표준방열량[kcal/m²h],
  EDR : 상당방열면적[m²]

(3) 방열면적계산

$$방열면적 = \frac{난방부하}{방열기\ 방열량} \Rightarrow A = \frac{Q}{q}$$

  Q : 난방부하[kcal/h], q : 방열기 방열량[kcal/m²h],
  A : 방열면적[m²]

(4) 방열기 호칭법
  - 주형 : (종별 – 높이 × 쪽수)
  - 벽걸이 : (종별 – 형 × 쪽수)

종별	기호
2주형	II
3주형	III
3세주형	3
5세주형	5
벽걸이형(수직)	W – V
벽걸이형(수평)	W – H

메꿈 ① 650 ② 450

(5) ([빵꾸1]   )
- 코일이나 송풍기, 공기 거르개 등을 하나의 케이싱에 넣어 소형의 유닛으로 만든 공기조화장치
- 실내에 설치하여 냉온수배관과 전기 배선을 하면 실내 공기의 냉각 또는 가열이 가능
- 설치하는 형식에 따라 바닥에 놓는 형, 천장에 매다는 형, 벽에 묻는 형 등이 있음

04 급탕설비 설치

1 ([빵꾸2]   ) 급탕법

가스나 전기, 증기 등을 열원으로 하여 욕실이나 싱크대, 세면기 등 더운 물이 필요한 곳에 탕비기를 설치하여 짧은 배관시설에 의해 기구급탕전에 연결하여 사용하는 간단한 방법이다.

(1) 장점
- 배관길이가 짧아서 열손실이 ([빵꾸3]   ).
- 급탕개소가 적을 때는 설비비가 저렴하다.
- 소규모 설비에 급탕이 ([빵꾸4]   )하다.
- 필요한 장소에 ([빵꾸5]   )하게 설비가 가능하다.

2 ([빵꾸6]   ) 급탕법

건물의 지하실 등 일정한 장소에 탕비장치를 설치하여 배관으로 사용처에 급탕하며 열원은 증기, 석탄, 중유 등이 있다.

메꿈 ① 팬코일유닛 ② 개별식 ③ 적다 ④ 용이 ⑤ 간단 ⑥ 중앙식

(1) 직접가열식
- 보일러에서 가열된 온수를 배관을 통해 직접 세대로 공급하는 방식
- 보일러 내면에 스케일이 많이 생김
- 보일러 신축이 불균일
- 열효율면에서 경제적
- 건물 높이에 상당하는 수압이 보일러에 가해지기 때문에 고압보일러가 필요
- 급탕용 보일러, 난방용 보일러를 각각 설치
- 중·소규모 설비에 적합

(2) 간접가열식
- 보일러 내의 고온수나 증기를 저탕조의 가열코일을 통과시켜 물을 간접적으로 가열하여 공급하는 방식
- 보일러 내면에 스케일이 거의 끼지 않음
- 가열코일이 필요
- 저압용 보일러가 필요
- 난방용 보일러로 급탕까지 가능
- 대규모 설비에 적합

모아바 www.moa-ba.com
모아소방전기학원 www.moate.co.kr

Part 03

공·조·냉·동·기·계·기·능·사

자동제어 및 안전관리

Chapter 01 안전작업

01 재해의 원인

1 직접원인

(1) 불안전한 상태(([빵꾸1]   ) 원인)
  - 기계 자체, 안전장치, 방호장치의 결함
  - 작업환경의 결함
  - 생산공정 및 설비의 결함
  - 보호구 및 작업 장소의 결함

(2) 불안전한 행동(([빵꾸2]   ) 원인)
  - 위험 장소 접근 및 불안전한 조작, 상태 방치
  - 복장, 보호구의 잘못된 사용 및 감독, 연락 불충분
  - 안전장치의 기능 제거 및 불안전한 자세, 동작
  - 기계, 기구의 잘못된 사용 및 운전 중인 기계장치의 손실

2 간접원인(관리적 원인)

(1) 기술적 원인
  - 생산방법의 부적합
  - 점검, 정비, 보존의 불량
  - 건물, 기계장치의 설계, 구조, 재료 불량

(2) ([빵꾸3]   ) 원인
  - 피로, 수면 부족

> 메꿈   ① 물적 ② 인적 ③ 신체적

- 시력 및 청각기능 이상
- 근육운동 부적합

(3) ([빵꾸1]   ) 원인
- 안전수칙 오해
- 작업방법, 유해, 위험작업 교육 불충분
- 안전지식, 경험, 훈련의 미숙

(4) 작업관리상 원인
- 안전관리 조직의 결함
- 인원 배치 부적당
- 안전수칙 미숙지
- 작업 지시 부적당
- 작업 준비 불충분

(5) ([빵꾸2]   ) 원인
- 판단력 부족
- 불안, 초조
- 안전지식, 주의력 부족
- 방심 및 공상

02 재해율 계산

1 연천인율

1년간 근로자 ([빵꾸3]   ) 중 몇 명이 재해를 당했는지를 나타내는 재해율 통계

- 연천인율 = $\dfrac{1000 \times \text{재해자수}}{\text{연평균 근로자수}}$ = 빈도율 × 2.4

메꿈 ① 교육적인 ② 정신적인 ③ 1000명

03 재해예방대책

1 재해예방의 4원칙

(1) ([빵꾸1])의 원칙 : 손실은 사고 발생 시의 조건 및 상황에 따라 달라지므로 손실은 우연성에 의해 결정됨

(2) 예방가능의 원칙 : 재해는 원칙적으로 원인만 제거되면 예방이 가능

(3) 원인연계의 원칙 : 재해의 원인은 여러 요소들이 복합적으로 작용하여 재해를 유발시킴

(4) 대책선정의 원칙 : 재해의 원인이 각기 다르므로 원인을 정확히 규명해서 대책을 선정·실시할 것

2 재해 발생 형태

- 추락 : 높은 곳에서 떨어지는 재해
- 전도 : 사람이 평면상으로 넘어졌을 때의 재해
- 충돌 : 사람이 정지물에 부딪쳐 일어나는 재해
- 붕괴, 도괴 : 저재물, 비계, 건축물 등이 무너진 경우의 재해
- 협착 : 물건에 끼워진 상태, 말려든 상태
- 폭발 : 압력의 급격한 발생 또는 개방으로 폭음을 수반한 팽창이 일어난 경우의 재해
- ([빵꾸2]) : 전기 접촉이나 방전에 의해 사람이 충격을 받은 경우의 재해
- 낙하, 비래 : 물건이 주체가 되어 사람이 맞는 재해
- 화재 : 화재로 인한 재해
- 유해물 접촉 : 유해물 접촉으로 중독이나 질식된 경우의 재해

메꿈 ① 손실우연 ② 감전

04 안전대책 3원칙

([빵꾸1]   ), 기술적 대책, 관리적 대책

05 안전점검

작업상의 상황을 기계, 설비 등 물적인 면과 작업방법 등 인적 및 관리적인 면을 포함한 종합적인 면으로부터 불안전한 상태나 행위를 찾아내어 개선하는 안전활동을 말함

1 안전점검 목적

생산활동에 있어 정상적인 상태를 유지하기 위해 사고나 재해 발생요인을 발견하여 이것을 제거하거나 개선함으로써 안전성을 유지, 보전하여 건강하고 쾌적한 직장을 형성하도록 하기 위함

2 안전점검 종류

(1) ([빵꾸2]   ) : 주기적으로 일정 기간을 정해 정기적으로 실시하는 점검

(2) ([빵꾸3]   ) (일상점검) : 현장에서 매일 안전성을 유지하기 위해 작업 시작 전, 작업 중 또는 작업 종료 시에 실시하는 점검

(3) 임시점검 : 기계·기구 및 설비의 이상 발견 시 임시로 실시하는 점검

(4) 특별점검 : 기계·기구 및 설비를 신설·이전·변경하거나 고장 시 실시하는 점검

메꿈 ① 교육적 대책 ② 정기점검 ③ 수시점검

3 안전관리 목적

(1) 인명 존중

(2) 생산성 ([빵꾸1]   )

(3) 경제성 향상

(4) 사회복지 증진

4 안전·보건표지 색상

(1) 금지표지 : 적생 원형 모양에 흑색 부호

(2) 지시표지 : 청색 원형 바탕에 백색 부호

(3) 안내표지 : ([빵꾸2]   ) 사각형 바탕에 백색 부호

(4) 경고표지 : 황색 삼각형 모양에 흑색 부호

06 안전보호구

1 안전보호구 종류

(1) 안전모 : 사용자의 낙하나 추락, 감전 등을 방지하기 위해 머리에 착용하는 보호구

(2) ([빵꾸3]   ) : 높은 곳에서 작업 시 추락에 의한 위험을 방지하기 위해 사용하는 보호구

(3) 안전화 : 물체의 낙하나 충격, 끼임, 감전 등을 예방하기 위해 발에 착용하는 보호구

(4) 안전장갑 : 물리적, 화학적 충격으로부터 손을 보호하기 위해 착용하는 보호구

메꿈 ① 향상 ② 녹색 ③ 안전대

(5) ([빵꾸1]) : 이물을 차단하고 유해광선에 의한 시력장해를 방지하기 위해 눈에 착용하는 보호구

(6) ([빵꾸2]) : 안면이나 눈을 유해광선, 열, 화학약품 등으로부터 보호하기 위해 착용하는 보호구

(7) 호흡보호구 : 먼지나 화학물질로부터 호흡기를 보호하기 위해 코와 입 부분에 착용하는 보호구

(8) 보호복 : 고열, 방사선, 중금속, 유해물질로부터 보호하기 위해 몸에 착용하는 보호구

2 안전보호구 기준

(1) 착용하여 작업하기 쉬울 것

(2) 외관이나 디자인이 양호할 것

(3) 유해·위험물로부터 보호성능이 충분할 것

(4) 사용되는 재료는 작업자에게 해로운 영향을 주지 않을 것

(5) 마무리가 좋을 것

메꿈 ① 보안경 ② 보안면

Chapter 02 안전관리

1 유류 취급 시 주의사항

- 기름 주입 시 반드시 난롯불을 끈 후 연료를 주입하고 기름이 넘치지 않도록 할 것
- 이동식 석유난로는 넘어지기 쉽고 화재 위험이 많으므로 이용 시 고정하여 사용할 것
- 난로는 가연물로부터 충분히 거리를 띄우고 불씨가 있는 부근에 가연물질을 방치하지 않을 것
- 불이 붙은 상태에서 석유난로를 이동하지 않을 것
- 불을 켜두고 장시간 자리를 비우지 않을 것
- 음식물 조리 중에는 전화를 받는 등 자리를 떠나지 않을 것
- 유류가 들어있던 빈 드럼통을 사용하기 위해 절단할 때는 빈 드럼통 속에 남아 있는 유증기는 완전히 배출 후 작업할 것
- 유류 등의 연료량을 확인하기 위해 라이터나 성냥을 사용하지 말고 반드시 손전등을 사용하며, 실내에서 페인트, 시너 등의 도색작업 시 충분히 환기시킬 것

2 가스사용 시 주의사항

(1) 사용 전
- 가스가 새고 있는지 냄새로 확인한 후 환기를 할 것
- 연소기 부근에 가연성 물질을 두지 않을 것
- 연소기구는 자주 청소하여 불구멍 등이 막히지 않도록 할 것

- 콕, 호스 등 연결부는 호스밴드로 확실하게 조이고, 호스가 낡거나 손상이 있을 때는 즉시 새것으로 교체할 것

(2) 사용 중
- 콕을 돌려 점화 시 불이 붙었는지 확인할 것
- 파란 불꽃 상태가 되도록 조절할 것(황색, 적색 불꽃은 불완전연소로 일산화탄소 발생)
- 장시간 자리를 비우지 않고 주의하여 지켜볼 것

(3) 사용 후
- 연소기에 부착된 콕은 물론 중간밸브도 확실하게 잠글 것
- 장기간 외출 시 중간밸브와 함께 용기밸브도 잠그고, 도시가스 사용 시 메인밸브까지 잠글 것

3 보일러 점화 전 점검사항

(1) 보일러 수위의 정상 여부

(2) 노 내의 통풍 환기 확인

(3) 공기와 연료의 투입 준비 확인

4 보온재 구비조건

(1) 열전도율이 ([빵꾸1]   )

(2) 비중이 ([빵꾸2]   ) 불연성일 것

5 화재 종류

(1) A급 화재[([빵꾸3]   )화재]
- 물질이 연소된 후 재를 남기는 종류의 화재로 목재, 종이, 섬유 등의 화재가 있음
- 소화방법 : 물에 의한 냉각소화로 주수, 산 알칼리, 포 등
- 구분색 : 백색

> 메꿈 ① 작을 것 ② 작고 ③ 일반

(2) B급 화재[([빵꾸1]   ) 및 가스화재]
  - 연소 후 아무것도 남지 않는 화재로 에테르, 알코올, 석유, 가연성 액체가스 등 유류 및 가스화재가 있음
  - 소화방법 : 공기차단으로 인한 피복소화로 화학포, 증발성 액체, ([빵꾸2]   ), ([빵꾸3]   )
  - 구분색 : 황색

(3) C급 화재[([빵꾸4]   )화재]
  - 전기기구·기계 등에서 발생되는 화재
  - 소화방법 : 탄산가스, 증발성 액체, 소화분말 등
  - 구분색 : 청색

(4) D급 화재[([빵꾸5]   )화재]
  - 마그네슘과 같은 금속화재
  - 소화방법 : 팽창질석, 팽창진주암, 마른모래 등
  - 구분색 : 없음

6 소화방법

(1) 냉각소화(물 소화약제) : 물이나 그 밖의 액체의 증발잠열을 이용하여 냉각시키는 방법

(2) 질식소화(CO_2, 할로겐 소화약제) : 공기 중 산소 농도를 감소시켜 산소 공급을 차단하여 소화하는 방법

(3) 제거소화(가연물 제거) : 가스의 밸브를 차단하거나 산림화재의 경우 수목을 제거하는 방법 등으로 가연물을 제거하여 소화하는 방법

(4) 희석소화 : 제4류 위험물의 수용성 가연물질인 알코올, 에테르, 에스테르 등과 같이 화재 시 다량의 물을 방사하여 가연물의 연소농도를 낮추어 화재를 소화하는 방법

메꿈   ① 유류   ② 탄산가스   ③ 소화분말   ④ 전기   ⑤ 금속

(5) 화학소화(부촉매소화) : 연소의 연쇄반응을 억제하여 소화하는 방법으로, 불꽃연소에는 매우 효과적이지만 특별한 경우를 제외하고는 표면연소에는 효과 없음

7 공구 취급 안전관리 일반사항

- 작업에 가장 알맞은 것인가, 불편한 점은 없는가 충분히 검토
- 결함이 없는 완전한 공구 사용
- 공구는 반드시 사용 ([빵꾸1]   ) 점검
- 손이나 공구에 기름이 묻어 있으면 미끄러져 놓치기 쉬우므로 잘 닦아 낼 것
- 올바른 사용법을 익힌 다음에 사용할 것
- 본래의 용도 이외에는 절대로 사용하지 않을 것
- 사용하는 공구를 기계, 재료, 제품 등 떨어지기 쉬운 곳에는 놓지 않도록 할 것
- 예리한 물건을 다룰 때에는 장갑을 낄 것
- 미끄럽거나 안전하지 않은 신을 신고 작업하지 않을 것
- 공구는 손으로 넘겨주거나 절대로 ([빵꾸2]   ) 안될 것
- 공구함 등에 정리하면서 사용할 것
- 불량 공구는 공구계에 반납하고 함부로 수리하지 않을 것
- 항상 작업 주위환경에 주의를 기울이면서 작업할 것
- 공구는 항상 일정한 장소에 비치할 것

메꿈   ① 전에   ② 던져서는

8 각종 공구의 취급

(1) 연삭 작업
- 안전커버를 떼고 작업하지 않을 것
- 숫돌바퀴에 균열이 있는지 확인할 것
- 숫돌차의 과속회전은 파괴의 원인이 되므로 유의할 것
- 숫돌차의 표면이 심하게 변형된 것은 반드시 수정할 것
- 받침대는 숫돌차의 중심선보다 낮게 하지 않을 것
- 숫돌차의 주면과 받침대와의 간격은 3 [mm] 이내로 유지할 것
- 숫돌바퀴가 안전하게 끼워졌는지 확인할 것
- 플랜지의 조임 너트를 정확히 조일 것
- 숫돌차의 측면에서 서서히 연삭해야 하고 숫돌바퀴의 구멍과 축과의 틈새는 0.05 ~ 0.15 [mm] 정도로 할 것
- 작업 시작 전에 1분 이상 공회전시킨 후 정상 회전속도에서 연삭할 것(숫돌 교체 시 ([빵꾸1]) 이상 시운전할 것)
- 회전하는 숫돌에 손을 대지 않을 것
- 작업 완료 시나 잠시 자리를 뜰 때에는 반드시 스위치를 끌 것
- 플랜지는 반드시 숫돌차 지름의 1/3 이상이 되는 것을 사용하되 양쪽 모두 같은 크기로 할 것

(2) 드라이버 작업
- 대가 구부러졌거나 끝이 무딘 것은 사용하지 않을 것
- 자루가 망가졌거나 안전하지 않을 것은 사용하지 않을 것
- 나사를 죌 때 날 끝이 미끄러지지 않게 수직으로 대고 한 손으로 가볍게 잡고 작업할 것
- 드라이버의 날 끝은 편평한 것이어야 하고 이가 빠지거나 둥글게 된 것은 사용하지 않을 것
- 드라이버 날 끝에 용도에 맞는 것을 사용할 것

메꿈   ① 3분

(3) 정 작업
- 정의 머리가 둥글게 된 것이나 찌그러진 것은 사용하지 않을 것
- 칩이 끊어져 나갈 무렵에는 힘을 ([빵꾸1]   ) 때릴 것
- 표면의 단단한 열처리 부분은 정으로 깎지 않을 것
- 철재를 절단할 때에는 철편이 튀는 방향에 주의하며, 끝날 무렵에는 힘을 빼고 천천히 쳐서 끝낼 것
- 기름이 묻은 정은 사용하지 않으며, 보호안경을 쓸 것
- 처음에는 ([빵꾸2]   ) 때리고 점차 ([빵꾸3]   )

(4) 줄 작업
- 줄 작업의 높이는 작업자의 ([빵꾸4]   ) 높이로 할 것
- 작업 자세는 허리를 낮추고 몸의 안정을 유지하며 전신을 이용할 것
- 줄질에서 생긴 가루는 입으로 불지 않을 것
- 줄은 다른 용도로 사용하지 않을 것
- 손잡이가 빠졌을 때에는 주의해서 잘 꽂아 사용할 것
- 줄로 다른 물체를 두들기지 않을 것
- 칩은 브러시로 제거할 것
- 줄의 균열 유무를 확인할 것
- 줄은 손잡이가 정상인 것만 사용할 것
- 땜질한 줄은 사용하지 않을 것

(5) 렌치 또는 스패너 작업
- 스패너에 너트를 깊이 물리고 조금씩 앞으로 당기는 방법으로 풀고 조일 것
- 가급적 손잡이가 긴 것을 사용할 것
- 너트에 맞는 것을 사용할 것
- 스패너와 너트 두 개를 연결하여 사용하지 않을 것

메꿈   ① 빼고 서서히 ② 가볍게 ③ 타격을 가할 것 ④ 팔꿈치

- 무리하게 힘을 주지 않고 조심스럽게 사용할 것
- 스패너가 벗겨졌을 때를 대비하여 주위를 살필 것

(6) 망치(해머)작업
- 사용 중에도 자주 망치의 상태를 살필 것
- 망치를 휘두르기 전에는 반드시 주위를 살필 것
- 사용할 때 처음과 마지막에 ([뻥꾸1]   ) 않을 것
- 장갑을 낀 손이나 기름이 묻은 손으로 작업하지 않을 것
- 손잡이에 금이 갔거나 망치의 머리가 손상된 것은 사용하지 않을 것
- 열처리된 것을 망치로 때리면 튀기 쉽고 부러지기 때문에 때리지 않을 것
- 망치의 공동 작업 시에는 호흡에 맞출 것
- 재료나 물체의 요철이나 경사진 면은 특히 주의할 것
- 망치 자루는 전문적인 기술자가 교환할 것
- 좁은 곳이나 발판이 불안한 곳에서 망치 작업을 하지 않을 것
- 불꽃이 생기거나 파편이 생길 수 있는 작업은 반드시 보호안경을 쓸 것

(7) 드릴 작업
- 옷소매가 늘어지거나 머리카락이 긴 채로 작업하지 않을 것
- 시동 전에 드릴이 올바르게 고정되어 있는지 확인할 것
- 장갑을 끼고 작업하지 않을 것
- 드릴을 끼운 후에는 척렌치를 뺄 것
- 얇은 판에 구멍을 뚫을 때에는 나무판을 밑에 받치고 구멍을 뚫을 것
- 작은 구멍을 먼저 뚫은 다음 큰 구멍을 뚫을 것
- 가공 중 드릴 끝이 마모되어 이상음 발생 시에는 드릴을 연마하거나 교체해서 사용할 것
- 전기드릴을 사용할 때 반드시 접지시킬 것
- 드릴 회전 중에는 칩을 입으로 불거나 손으로 털지 않을 것

메꿈 ① 힘을 너무 가하지

(8) 쇠톱 작업
- 얇은 판을 절단할 때에는 목재 사이에 얇은 판을 끼워 틈을 30° 정도 경사시켜 절단할 것
- 톱에 힘을 가할 때에는 천천히 고르게 할 것
- 톱날은 잘 부러지지 않는 탄력성 있는 톱날을 쓸 것
- 톱날을 틀에 정치하고 2~3회 사용한 후 재조정하고 작업할 것
- 쇠톱의 손잡이와 틀의 선단을 견고하게 잡고 똑바로 작업할 것

Chapter 03 기타 설비기기 안전관리

01 가스용접

1 가스용접 취급요령

(1) 가스용기는 ([빵꾸1]   ) 이하의 통풍이 잘되는 장소에 견고하게 설치한다.

(2) 산소용기는 가연성 가스로 기름과 그리스에 접근시키지 않는다.

(3) 산소와 아세틸렌 용기는 ([빵꾸2]   ) 별도 보관한다.

(4) 밸브는 서서히 열어 급작스럽게 가스가 분출되지 않도록 한다.

(5) 가스용기 운반 시 안전 캡을 씌워 충격에 대비한다.

2 가스용접 안전수칙

(1) 산소용기 누설검사는 비눗물로 한다.

(2) 각 호스의 색깔
   - 산소 : 녹색
   - 아세틸렌 : ([빵꾸3]   )

(3) 아세틸렌가스 발생기 : 주수식, 투입식, 침지식

메꿈   ① 40 [℃]   ② 세워서   ③ 적색

02 산소 및 아세틸렌 용기 취급 시 주의사항

1 산소

(1) 운반할 경우에는 반드시 캡을 씌운다.

(2) 산소병 표면온도가 40 [℃] 이상이 되지 않도록 하며 직사광선을 피한다.

(3) 겨울철 용기가 동결될 때는 직화(直火)로 녹이지 말고 더운물(40 [℃] 이하)에 녹인다.

2 아세틸렌

(1) 게이지 압력이 ([빵꾸1]   )킬로파스칼을 초과하는 압력의 아세틸렌을 발생시켜 사용해서는 아니 된다.

(2) 아세틸렌 발생기를 설치하는 경우에는 전용의 발생기실에 설치하여야 한다.

(3) 건물의 최상층에 위치하거나 옥외에 설치하여야 한다.

03 크레인 안전장치

(1) 권과 방지장치 : 권과를 방지하기 위해 자동으로 동력을 차단하고 작동을 제동하는 장치

(2) ([빵꾸2]   ) : 훅에서 와이어로프가 이탈하는 것을 방지하는 장치

(3) 과부하 방지장치 : 크레인에 정격하중 이상의 하중이 부하되었을 때 자동으로 상승이 정지되면서 경보음이 발생하는 장치

(4) 비상 정지장치 : 이동 중 이상상태 발생 시 급정지시킬 수 있는 장치

메쭘 ① 127 ② 훅해지장치

04 전기화재

(1) 단락 : 2개 이상의 전선이 서로 접촉하는 현상으로, 많은 전류가 흐르게 되어 배선에 고열이 발생하며 단락 순간에 폭음과 함께 녹아버리는 현상
(2) ([빵꾸1]) : 고압선과 저압가공선이 병가된 경우 접촉으로 인한 것과 변압기의 1, 2차 코일의 절연파괴로 인하여 발생
(3) ([빵꾸2]) : 누전전류의 일부가 대지로 흐르게 되는 것으로, 보호접지 의무화
(4) 누전 : 전류가 설계된 부분 이외로 흐르는 현상으로, 누전전류는 최대공급전류의 1/200을 넘지 않도록 규정

메꿈 ① 혼촉 ② 지락

Chapter 04 배관

01 신축이음

신축이음은 열응력에 의한 신축팽창을 흡수하기 위해 설치한다.

(1) 슬리브형이음(미끄럼형) : 압력이 5 $[kg/cm^2]$, 10 $[kg/cm^2]$용의 두 개가 있으며 저압증기 및 온수배관의 신축이음에 적합하다.

(2) 벨로스형이음(주름통식) : 온도에 따라 일어나는 관의 신축이음쇠를 벨로즈의 변형에 의해 흡수시키는 형식으로 증기관에 널리 사용되며 응력흡수가 용이한 이음방식이다.

(3) 스위블형이음 : 2개 이상의 엘보를 사용하여 나사의 회전에 의해 신축이 흡수되며 저압의 증기 및 온수난방에 사용된다.

(4) 루프형이음 : 신축곡관이라고도 하며 그 휨에 의해 배관의 신축을 흡수하는 형식으로 주로 고압증기 옥외배관에 많이 사용된다. 설치장소를 많이 차지한다는 단점이 있다.

02 강관 종류

(1) 배관용 탄소강관 : SPP

(2) 압력배관용 탄소강관 : SPPS

(3) 고압배관용 탄소강관 : ([빵꾸1])

메꿈 ① SPPH

(4) 고온배관용 탄소강관 : SPHT

(5) 배관용 합금강관 : SPA

(6) 저온배관용 탄소강관 : SPLT

(7) 수도용 아연도금 강관 : ([빵꾸1]   )

(8) 배관용 아크용접 탄소강 강관 : SPW

(9) 배관용 스테인리스강 강관 : STSXT

(10) 보일러 열교환기용 탄소강 강관 : STBH

03 배관공구 종류

(1) 강관용 배관공구 : 파이프 커터, 쇠톱, 파이프 바이스, 파이프 리머, 파이프 렌치, 파이프 벤딩머신, 동력 나사 절삭기

(2) 동관용 배관공구 : 플레어 툴 세트, 익스펜더, 사이징 툴, 튜브커터, 리머, 튜브벤더

(3) 연관용 배관공구
- ([빵꾸2]   ) : 연관을 뽑아서 구멍을 뚫을 때
- ([빵꾸3]   ) : 연관표면의 산화물 제거
- 턴핀 : 연관 끝을 넓힐 때
- 벤드벤 : 연관에 끼워 관을 굽히거나 펼 때
- 맬릿 : 나무해머

메꿈 ① SPPW ② 봄볼 ③ 드레서

04 패킹재

1 플랜지 패킹

(1) 고무 패킹

(2) 석면 조인트 시트

(3) 합성수지 패킹

(4) 오일 실 패킹

(5) 금속 패킹

2 ([빵꾸1]   )

밸브의 회전 부분에 기밀을 유지할 목적으로 사용

(1) 석면각형 패킹

(2) 석면 얀

(3) 아마존 패킹

(4) 몰드 패킹

05 도료

각종 금속에 녹스는 것을 방지하기 위한 도료

(1) 광명단 도료

(2) 합성수지 도료

(3) 알루미늄 도료

메꿈   ① 글랜드 패킹

06 보온 및 단열재

1 무기질 보온재
- 안전사용온도 300 ~ 800 [℃]의 범위 내에서 보온효과가 있는 것
- 탄산마그네슘, 글라스울, 석면, 규조토, 암면, 규산칼슘, 세라믹 파이버

2 유기질 보온재
- 안전사용온도 100 ~ 200 [℃]의 범위 내에서 보온효과가 있는 것
- 펠트류, 텍스류, 탄화코르크, 기포성수지

3 보온재 구비조건
- 열전도율이 ([빵꾸1]   )
- 비중이 ([빵꾸2]   )
- 불연성일 것
- 흡수성이 ([빵꾸3]   )

07 밸브

(1) 게이트밸브 : 구조상 퇴적물이 체류하지 않으며, 유체의 차단을 주목적으로 일반배관용으로 가장 많이 사용
(2) 글로브밸브 : 구조상 유량조절용으로 사용되는 밸브
(3) ([빵꾸4]   ) : 스톱밸브라고도 하며 출입 유체의 방향이 90°가 되는 밸브
(4) 콕 : 원뿔형 콕을 90° 회전시켜 유체의 흐름을 차단하고 유량을 정지시킨다. 각도가 0° ~ 90° 사이의 각도만큼 회전사면서 유량을 조절하며 가장 신속히 개폐 가능

> 메꿈 ① 작을 것 ② 작을 것 ③ 작을 것 ④ 앵글밸브

(5) ([빵꾸1]   ) : 유체를 한 방향으로 유동시키고 보일러 급수배관에서 급수의 역류를 방지하기 위한 밸브

(6) 감압밸브 : 저압 측의 압력을 일정하게 유지시켜주는 밸브

(7) 버터플라이밸브 : 나비형 밸브로 원통형의 몸체 속에서 밸브 스템을 축으로 하여 원관이 회전함으로써 개폐를 행하는 밸브

08 배관공작

1 강관 공작용 공구

(1) **파이프 바이스** : 관의 절단과 나사절삭 및 조합 시 관을 고정시키는 데 사용

(2) **파이프** ([빵꾸2]   ) : 관을 절단할 때 사용

(3) **파이프** ([빵꾸3]   ) : 관 절단 후 생긴 거스러미 제거

(4) **파이프 렌치** : 파이프 또는 이음쇠의 나사이음 분해 조립 시, 파이프 등을 회전

(5) **나사 절삭기** : 수동으로 나사를 절삭할 때 사용

2 주철관용 공구

(1) 납 용해용 공구세트 : 파이어 포트, 납국용 국자, 산화납 제거기 등

(2) ([빵꾸4]   ) : 소켓 접합 시 용해된 납물의 비산 방지

(3) 링크형 파이프 커터 : 주철관 절단 전용 공구

(4) 고킹 정 : 소켓 접합 시 다지기를 할 때 사용하는 공구

메꿈 ① 체크밸브 ② 커터 ③ 리머 ④ 클립

3 동관용 공구

(1) 사이징 툴 : 동관의 끝 부분을 진원으로 정형하는 공구

(2) 플레어링 툴 : 동관의 끝을 나팔형으로 만들어 압축이음 시 사용하는 공구

(3) 굴관기 : 동관의 전용 굽힘 공구

(4) ([빵꾸1]   ) : 동관 끝의 확관용 공구(익스팬더)

(5) 파이프 커터 : 동관의 전용 절단 공구

(6) 티뽑기 : 직관에서 분기관 성형 시 사용하는 공구

(7) ([빵꾸2]   ) : 파이프 절단 후 파이프 가장자리 거스러미 등을 제거

4 연관용 공구

(1) ([빵꾸3]   ) : 연관을 뽑아서 구멍을 뚫을 때

(2) 드레서 : 연관표면의 산화물 제거

(3) 턴핀 : 연관 끝을 넓힐 때

(4) 벤드밴 : 연관에 끼워 관을 굽히거나 펼 때

(5) 맬럿 : 나무해머

09 배관지지장치

1 ([빵꾸4]   )

펌프, 압축기 등에서 발생하는 진동, 서징, 수격작용, 지진 등에 의한 진동, 충격 등을 완화하는 완충기(방진기)가 있음

메꿈 ① 확관기 ② 리머 ③ 봄볼 ④ 브레이스

10 배관도면 표시법

1 유체의 종류와 기호

(1) 공기 : A(Air)

(2) 가스 : G(Gas)

(3) 유류 : O(Oil)

(4) 수증기 : S(Steam)

(5) 물 : W(Water)

2 배관 도시기호

명칭	도시기호	명칭	도시기호
나사형	─┼─	유니언	─╫─
용접형	─╳─	슬루스밸브	─▷◁─
플랜지형	─╂─	글로브밸브	─▷•◁─
턱걸이형	─⊂─	체크밸브	─▷│─
납땜형	─○─	캡	─⊐

Chapter 05 공조제어설비 설치

01 중앙제어시스템

- 빌딩, 사무실의 스마트센서가 공실과 재실의 여부를 판단해 자동으로 냉난방시스템 전원을 차단하고, 강의실, 기숙사 등에서는 강의시간 및 출퇴근 시간을 판단해 자동으로 냉난방시스템을 작동시킴
- 각 건물을 모두 네트워크로 연결해 모니터링 및 중앙제어가 가능

02 압력제어밸브

- 감압기능 : 공기압축기에서 발생한 고압의 압축공기를 적정압력으로 감압하여 안정된 압축공기를 공압기기에 공급
- 신호처리기능 : 공기압력을 검출해서 설정값과 비교해 전기 접점을 개폐함으로써 전기신호를 내는 기능
- 안전기능 : 공기탱크와 공압회로 내의 공기압력이 규정 이상으로 될 때, 공기압력이 상승하지 않도록 대기 중 혹은 다른 공압회로 내로 빼내 주는 기능
- 작동 순서를 제어하는 기능 : 공압회로 내 공기압력에 따라 다른 회로의 작동순서를 제어하는 기능

Chapter 06 냉동제어설비

01 냉동사이클 구성요소

1 압축기
- 저온·저압의 냉매가스를 압축하여 고온·고압의 가스를 만드는 장치
- 압력이 낮은 증발기로부터 압력이 높은 응축기로 냉매가스를 보내기 위해 가압하고 에너지를 가하는 장치

2 응축기
- 압축기로 압축시켜 온도와 압력이 상승된 냉매가스를 물로 냉각하고 액화하는 장치
- 압축기에서 보내온 냉매가스는 냉각수로 냉각되어 액화 상태의 냉매액이 됨

3 팽창밸브
냉매액이 팽창밸브의 좁은 유로를 통과하면서 감압팽창하고 온도가 내려감

4 증발기
냉매액을 넓은 공간에 방출·기화하고 그 기화잠열로 물을 냉각

02 냉각탑 종류 및 특성

(1) 냉각탑은 일반적으로 쿨링타워라고 한다.
(2) 냉동기의 응축기에서 가스를 냉각액화시켜 온도가 상승한 냉각수를 대기에 접촉시킴과 동시에 그 일부를 증발시켜 기화열로 냉각수의 온도를 떨어뜨려 수냉 응축기의 냉각수를 버리지 않고 몇 번이라도 반복해 순환 사용할 수 있도록 하는 역할

Chapter 07 기계설비의 범위

구분	내용
1. 열원설비	건축물등에서 에너지를 이용하여 열매체를 가열, 냉각하기 위하여 설치된 기계·기구·배관 및 그 밖에 성능을 유지하기 위한 설비
2. 냉난방설비	건축물등에서 일정한 실내온도 유지를 위하여 설치된 기계·기구·배관 및 그 밖에 성능을 유지하기 위한 설비
3. 공기조화·공기청정·환기설비	건축물등에서 온도, 습도, 청정도, 기류 등을 조절하기 위하여 설치된 기계·기구·배관 및 그 밖에 성능을 유지하기 위한 설비
4. 위생기구·급수·급탕·오배수·통기설비	건축물등에서 위생과 냉수·온수 공급, 오배수(汚排水), 오배수관 통기(通氣) 등을 위하여 설치된 기계·기구·배관 및 그 밖에 성능을 유지하기 위한 설비
5. 오수정화·물재이용설비	건축물등에서 오수를 정화하여 배출하거나 정화된 물을 재이용하기 위하여 설치된 기계·기구·배관 및 그 밖에 성능을 유지하기 위한 설비
6. 우수배수설비	건축물등에서 빗물을 외부로 배출하기 위하여 설치된 기계·기구·배관 및 그 밖에 성능을 유지하기 위한 설비
7. 보온설비	건축물등에 설치된 기계·기구·배관 및 그 밖에 성능을 유지하기 위한 설비의 보온, 보냉, 결로 및 동결 방지 등을 위하여 설치된 설비

구분	내용
8. 덕트 (duct) 설비	건축물등에 설치된 기계·기구·배관 및 그 밖에 성능을 유지하기 위한 설비의 풍량 등을 조절하고 급기(給氣)·배기 및 환기 등을 위하여 설치된 설비
9. 자동제어 설비	건축물등에 설치된 기계·기구·배관 및 그 밖에 성능을 유지하기 위한 설비의 감시, 제어·관리 및 통제 등을 위하여 설치된 설비
10. 방음· 방진· 내진설비	건축물등에 설치된 기계·기구·배관 및 그 밖에 성능을 유지하기 위한 설비의 소음, 진동, 전도 및 탈락 등을 방지하기 위하여 설치된 설비
11. 플랜트 설비	건축물등에서 생산물의 제조·생산·이송 및 저장이나 오염물질의 제거 및 저장 등을 위하여 설치된 기계·기구·배관 및 그 밖에 성능을 유지하기 위한 설비
12. 특수 설비	가. 건축물 등에서 냉동·냉장, 항온·항습(온도와 습도를 일정하게 유지시키는 것), 특수청정(세균 또는 먼지 등을 제거하는 것), 생활폐기물 집하 및 이송, 전자파 차단 등을 위하여 설치된 기계·기구·배관 및 그 밖에 성능을 유지하기 위한 설비 나. 청정실(실내공간의 오염물질 등을 없애거나 줄이기 위해 공기정화시설 등의 설비가 설치된 방), 자동창고(물건이 나가고 들어오는 모든 일을 컴퓨터가 자동적으로 제어하고 관리하는 창고), 집진기(먼지를 모으는 기기), 무대기계장치, 기송관(氣送管: 압축 공기를 써서 물건을 운반하는 기계) 등의 설비와 그 설비를 위하여 설치된 기계·기구·배관 및 그 밖에 성능을 유지하기 위한 설비

Chapter 08 전기의 자동제어

01 기본 용어

1 ([빵꾸1])

전하가 이동할 수 있게 하는 전기적 위치에너지로써, 이때 전하의 흐름은 전압이 높은 곳에서 낮은 곳으로 이동한다.

(1) 단위 : V[Volt]

(2) 전압 계산 : ① 직류 $V = \dfrac{W}{Q} [V = J/C]$ ② 교류 $v = \dfrac{dw}{dq} [V]$

2 ([빵꾸2])

전하의 흐름으로써 임의의 단면을 t [sec] 동안 Q [C]의 전하가 이동할 때 통과하는 전하의 양

(1) 단위 : A [Ampere]

(2) 전류 계산 : ① 직류 $I = \dfrac{Q}{t} [A]$ ② 교류 $i = \dfrac{dq}{dt} [A]$

3 저항 R

전하의 흐름을 ([빵꾸3]) 정도

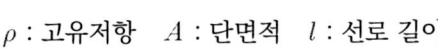

(1) 단위 : Ω [ohm]

(2) 저항 특성

- $R = \rho \dfrac{l}{A} [\Omega]$ ρ : 고유저항 A : 단면적 l : 선로 길이

> 메꿈 ① 전압 V ② 전류 I ③ 방해하는

- 저항은 전선의 길이가 길어질수록 커짐
- 저항은 전선의 단면적이 작아질수록 커짐

(3) 저항 계산

① 직렬
- 합성저항 계산 : $R_T = R_1 + R_2 + \cdots + R_n [\Omega]$
- 저항이 같을 시 : $R_T = nR [\Omega]$

② 병렬
- 합성저항 계산 : $R_T = \dfrac{1}{\dfrac{1}{R_1} + \dfrac{1}{R_2} + \cdots + \dfrac{1}{R_n}} [\Omega]$
- 저항이 같을 시 : $R_T = \dfrac{R}{n} [\Omega]$

4 ([빵꾸1]   )

전기가 단위 시간 동안 한 일의 양

(1) 단위 : W[Watt]

(2) 전력 계산 : $P = \dfrac{W}{t} = VI = I^2 R = \dfrac{V^2}{R} [W]$

5 전력량 W

일정시간 (t [sec], t [h]) 동안의 전력의 양

(1) 단위 : J[Joule]

(2) 전력량 계산 : $W = Pt = VIt = I^2 Rt = \dfrac{V^2}{R} t \ [J = W \cdot \sec]$

6 컨덕턴스 G

저항의 역수로써, 전하를 ([빵꾸2]   ) 하는 정도

메꿈 ① 전력 P ② 잘 흐르게

02 기본 공식

1 옴의 법칙

$$V = IR,\ I = \frac{V}{R},\ R = \frac{V}{I}$$

2 키르히호프의 법칙

(1) ([빵꾸1]   )

① 회로 내 임의의 접속점을 기준으로 들어오는 전류와 나오는 전류의 대수합은 0이다.

② $i_1 - i_2 - i_3 - i_4 + i_5 = 0$

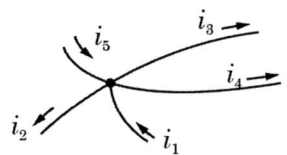

(2) 제2법칙(KVL)

① 폐회로 내, 전체 전압은 전압강하의 합과 같다.

② $V_t = V_1(IR_1) + V_2(IR_2) + V_3(IR_3)$

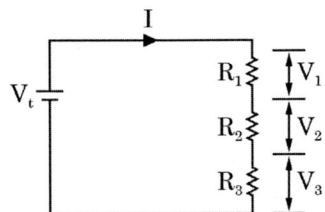

03 분류기와 배율기

1 ([빵꾸2]   )

전압계의 측정 범위를 확대하기 위해 사용하며 전압계에 직렬로 연결함

2 분류기

([빵꾸3]   )의 측정 범위를 확대하기 위해 사용하며 전류계에 병렬로 연결함

메꿈   ① 제1법칙(KCL)   ② 배율기   ③ 전류계

04 교류회로

1 ([빵꾸1]   )(= 각 주파수) ω

1초 동안의 각의 변화율을 뜻하며, $\omega = \dfrac{\theta}{t} = \dfrac{2\pi}{T} = 2\pi f\,[rad/\sec]$로 나타낸다.

2 ([빵꾸2]   )

교류를 직류와 동일한 일을 하는 크기로 환산한 값

(1) 정현파 교류 실횻값

$$\dfrac{I_m}{\sqrt{2}} = 0.707 I_m$$

3 파형률 및 파고율

(1) 파고율 : 파형의 뾰족한 정도 = $\dfrac{최댓값}{실횻값}$

(2) 파형율 : 파형의 평평한 정도 = $\dfrac{실횻값}{평균값}$

4 역률

([빵꾸3]   ), $\cos\theta = \dfrac{P}{VI}$

5 교류용접기 규격란에 AW200이라고 표시되어 있을 때

200이 나타내는 값 : ([빵꾸4]   )

메꿈 ① 각속도 ② 실횻값 ③ $P = VI\cos\theta$ ④ 정격 2차 전류값

05 시퀀스회로

미리 정해 놓은 순서 또는 일정한 논리에 의하여 순서적으로 진행하는 제어
- 승강기제어, 모터 ON - OFF 제어, 세탁기제어, 자동 전기밥솥, 네온사인 등

06 피드백제어(자동제어의 동작)

1 연속동작
- 비례동작(P동작)
- 적분동작(I동작)
- 미분동작(D동작)
- 비례·적분동작(PI동작)
- 비례·미분동작(PD동작)
- 비례적분, 미분 동작(PID동작)

2 불연속동작
- ON - OFF 제어 : 2위치제어
- 샘플링제어 : 다위치제어

[모아] 공조냉동기계기능사 필기 빵꾸노트(개정2판)

발행일	2024년 3월 4일 개정2판 1쇄
지은이	오민정
발행인	황모아
발행처	(주)모아교육그룹
주 소	서울특별시 영등포구 영신로 32길 29 세화빌딩 2층
전 화	070-4454-1586(출판, 주문)
등 록	제2015-000006호 (2015.1.16.)
이메일	moate2068@hanmail.net
누리집	www.moate.co.kr
ISBN	979-11-6804-234-6(13550)

이 책의 가격은 뒤표지에 있습니다.

Copyright ⓒ (주)모아교육그룹 Co., Ltd. All Rights Reserved.

이 책은 저작권법에 의해 보호를 받는 저작물이므로 저자와 출판사의 서면 허락 없이 내용의 전부 또는 일부를 이용하는 것을 금합니다.

끊임없이 변화를
추구하는 교육기업

모아교육그룹

모아를 선택해주신 여러분께 감사드립니다.

✔ 모아는 혁신적인 교육을 통해 인간의 사고(思考)를
  확장 및 변화시킬 수 있다고 믿고 있습니다.
✔ 모아는 미래를 교육으로 변화시킬 수 있다고 믿고 있습니다.
✔ 모아는 청년부터 장년, 중년, 노년까지의
  성인교육에 중점을 두고 사업을 진행하고 있습니다.

초고령화, 불확실성의 시대
모아는 당신의 미래를 함께 하는 혁신적인 교육 플랫폼이 되겠습니다.

공조냉동기계기능사 합격!
여러분의 합격은 모아의 보람입니다.